职工防暑降温知识50问

本书编写组◎编

中国工人出版社

图书在版编目（CIP）数据

职工防暑降温知识50问 /《职工防暑降温知识50问》编写组编.
—北京：中国工人出版社，2021.7
ISBN 978-7-5008-7686-1
Ⅰ.①职… Ⅱ.①职… Ⅲ.①防暑－问题解答 Ⅳ.①X968-44
中国版本图书馆CIP数据核字（2021）第131054号

职工防暑降温知识50问

出 版 人　王娇萍
责任编辑　冀　卓　李　丹
责任印制　栾征宇
出版发行　中国工人出版社
地　　址　北京市东城区鼓楼外大街45号　邮编：100120
网　　址　http://www.wp-china.com
电　　话　（010）62005043（总编室）
　　　　　（010）62005039（印制管理中心）
　　　　　（010）82027810（职工教育分社）
发行热线　（010）62005996　82029051
经　　销　各地书店
印　　刷　北京市密东印刷有限公司
开　　本　787毫米×1092毫米　1/32
印　　张　2.75
字　　数　30千字
版　　次　2021年8月第1版　2024年7月第5次印刷
定　　价　16.00元

前言

本着服务职工、关爱职工的理念，全国各级工会、各企业坚持开展“送清凉”活动，慰问一线职工，推动企业各项高温政策的落实，把夏日的清凉送到每一个职工心里。

为了配合工会职工保障工作，为各地工会和企业夏季高温天气作业“送清凉”提供服务，帮助高温天气作业者普及高温天气作业常识，我们特地邀请行业专家打造了这本手册。手册结合高温天气作业的特点，从高温基础知识、高温天气作业及高温作业健康防护知识、中暑的辨识与急救、高温天气作业者及高温作业者相关权益、防暑降温常识五个方面，以小问题配插图的形式展现相关的常识，方便高温天气条件下的作业人员阅读使用。希望这本小书能为炎炎夏日奋战在一线的职工朋友送上一份清凉和关爱。

编者

2021 年 7 月

第一篇 高温基础知识

1. 怎样认定高温天气？ 3
2. 高温作业是如何界定的？ 4
3. 高温、强热辐射作业的气象特点有哪些？ 5
4. 高温、高湿作业的气象特点有哪些？ 6
5. 夏季露天作业的气象特点有哪些？ 7
6. 什么是热环境？ 8
7. 什么是一般热环境？ 9
8. 什么是高热环境？ 10
9. 热辐射与温度有关吗？ 11

第二篇 高温天气作业及高温作业健康防护知识

10. 高温、强热辐射对人体有什么影响？ 15
11. 高温、高湿对人体有什么影响？ 16
12. 高温天气对体温调节功能有什么影响？ 17
13. 高温天气对神经系统有什么影响？ 18
14. 高温天气对心血管有什么影响？ 19
15. 高温天气对呼吸系统有什么影响？ 20
16. 高温天气对消化系统有什么影响？ 21
17. 高温天气对肾脏有什么影响？ 22
18. 怎样防止身体脱水？ 23
19. 如何提高人体对高温的适应能力？ 24
20. 高温作业前如何做好个体防护？ 25
21. 哪些人不适宜从事高温天气作业？ 26

第三篇 中暑的辨识与急救

22. 什么是职业性中暑? 29
23. 怎样辨识和应对中暑先兆? 30
24. 怎样辨识和应对轻症中暑? 31
25. 怎样辨识重症中暑? 32
26. 怎样应对热射病? 33
27. 怎样应对热痉挛? 34
28. 怎样应对热衰竭? 35
29. 怎样应对日射病? 36
30. 中暑后如何自救? 37
31. 重症中暑如何进行物理急救? 38

第四篇 高温天气作业者及高温作业者相关权益

32. 高温天气作业者作业前应做哪些健康检查? 41

33. 高温津贴发放有何法规依据？ 42
34. 高温补贴可以用冷饮等物品代替吗？ 43
35. 用人单位在怎样的高温天气下应减少或者停止高温时段室外作业时间？ 44
36. 因高温作业或高温天气作业引起中暑属于工伤吗？ 45
37. 中暑后如何申请工伤待遇？ 46
38. 怀孕女职工能否进行高温作业？ 47
39. 高温危害作业劳动者是否需要进行职业健康检查？ 48

第五篇 防暑降温常识

40. 怎样合理饮水？ 51
41. 怎样提高食欲？ 52
42. 怎样合理补充营养？ 53
43. 防暑功效显著的常见蔬菜有哪几种？ 54
44. 防暑功效显著的常见水果有哪几种？ 55
45. 为什么不宜贪食冷藏西瓜？ 56

46. 为什么不宜用凉水冲脚？ 57
47. 为什么不宜在大汗淋漓时洗冷水澡？ 58
48. 怎样合理安排作息时间？ 59
49. 应常备哪些防暑降温用品？ 60
50. 夏季如何避免“空调病”？ 61

附录 1 《防暑降温措施管理办法》 62

附录 2 常见防暑降温药品 72

附录 3 常见防暑降温饮品 76

第一篇

高温基础知识

扫描二维码

进入语音版的安全防护世界

① 怎样认定高温天气？

高温天气是指地市级以上气象主管部门所属气象台站向公众发布的日最高气温在35℃以上的天气。

通常，高温有两种情况：一种是气温高、湿度低的干热性高温；另一种是气温高、湿度高的闷热性高温，也称“桑拿天”。

2 高温作业是如何界定的?

高温作业是指在生产劳动过程中，工作地点平均湿球和黑球温度指数≥ 25℃的作业。

湿球和黑球温度指数是指湿球、黑球和干球温度的加权平均值，是一个综合性的热负荷指数。

按照气象条件的特点，可以把高温作业分为高温、强热辐射作业，高温、高湿作业和夏季露天作业 3 种基本类型。

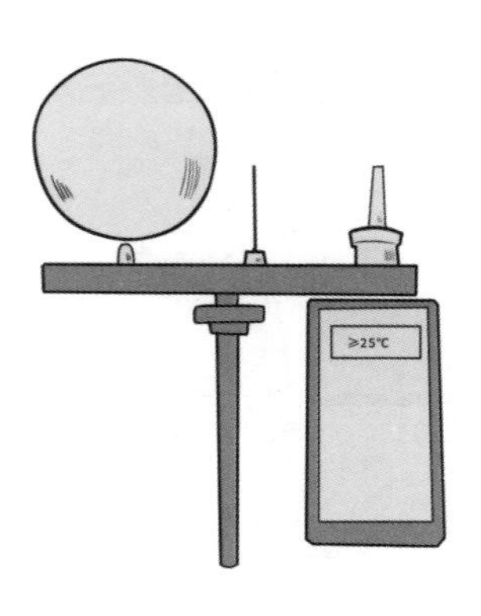

③ 高温、强热辐射作业的气象特点有哪些？

高温、强热辐射作业的气象特点是气温高、热辐射强度大、相对湿度较低的一种干热环境。

冶金工业的炼焦车间、机械工业的铸造车间、陶瓷制造的炉窖车间的作业属于高温、强热辐射作业。

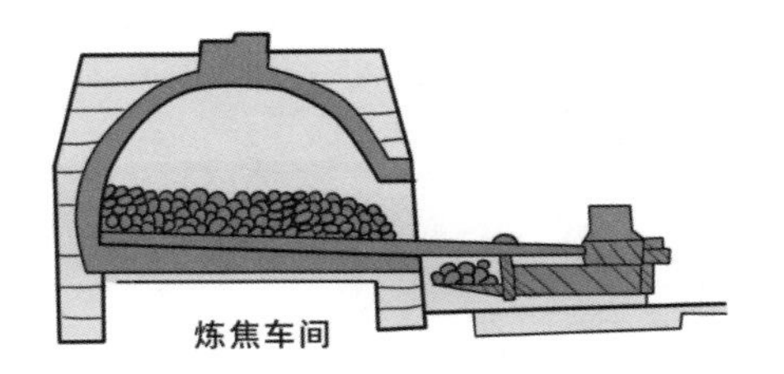

4 高温、高湿作业的气象特点有哪些？

高温、高湿作业的气象特点是气温高、气湿高，但热辐射强度不大。

工作场所相对湿度大的主要原因是生产过程中产生了大量的水蒸气或者是生产工艺要求工作环境要保持较高的相对湿度。

此外，当工作场所出现通风不良的情况时，也很容易形成高温、高湿和低气流的不良气象条件，这就是人们常说的湿热环境。

5 夏季露天作业的气象特点有哪些？

夏季，环卫工人、交通警察、建筑工人、快递小哥、矿藏勘探开采工等户外劳动者从事夏季露天作业。

它的气象特点是人体除了受太阳的直接辐射作用外，还会受到来自加热的地面和周围物体的二次辐射。

通常，这种作用的持续时间比较长，再加上中午前后的气温比较高，很容易形成高温和热辐射的联合作用。

6 什么是热环境?

热环境是指由太阳辐射、气温、周围物体的表面温度、相对湿度与气流速度等物理因素共同组成的作用于人，并能影响到人的冷热感觉和身体健康的环境。

根据热源的不同，可以将热环境分为自然热环境和人工热环境两种。例如，自然热环境的热源可能是太阳，人工热环境的热源可能是工厂里的熔融金属。

7 什么是一般热环境?

一般热环境的气温通常在 28℃~35℃。在这种环境下，人体安静时基本能保持热平衡状态。此时人体热平衡的保持主要依靠出汗蒸发散热，蒸发散热量几乎等于 35℃时人体本身的产热量。但从事中等强度的体力劳动时，可能会有一些蓄热。

8 什么是高热环境？

高热环境是指气温高达 40℃~45℃的环境，显著高于人体体表温度。在高气温作用下，人体表皮温度虽然显著升高（可高达 37℃~38℃），但仍低于环境温度，故人体会接受来自环境的一定程度的辐射和热对流。此时，人体热负荷量明显大于蒸发散热量，蓄热量显著增加。

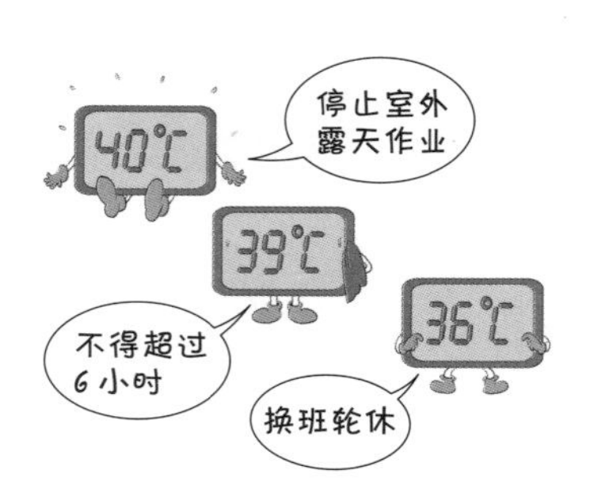

9　热辐射与温度有关吗?

热辐射主要是指红外辐射。

太阳光的照射，生产环境中各种熔炉、燃烧的火焰和熔化的金属等热源都可以产生大量的热辐射。红外辐射不能直接加热空气，但可以使受到照射的物体温度升高。

理论上，温度高于绝对零度的物体都可以向周围发出红外辐射。温度越高，红外辐射越强。

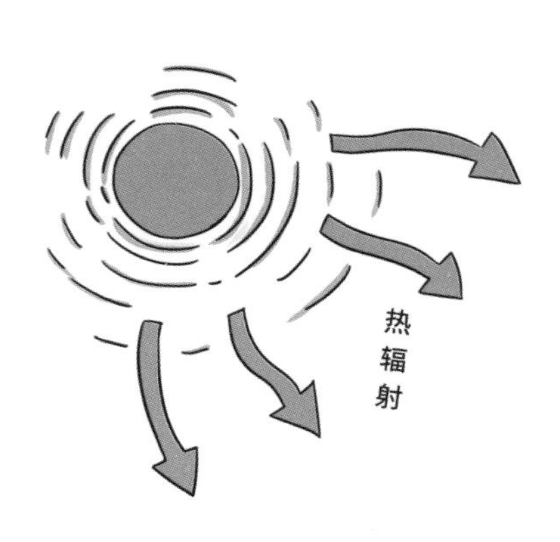

第二篇

高温天气作业及高温作业健康防护知识

扫描二维码

进入语音版的安全防护世界

10 高温、强热辐射对人体有什么影响?

在高温、强热辐射作业环境中同时存在着两种不同性质的热，即对流热（加热了的空气）和辐射热（热源及二次热源）。对流热只作用于人的体表，但通过血液循环使全身加热；辐射热除作用于人的体表外，还作用于深部组织，因而加热作用更快更强。

这类作业环境的气象特点是气温高、热辐射强度大，而相对湿度较低，人在此环境下劳动时会大量出汗，如通风不良，则汗液难以蒸发，就可能因蒸发散热困难而发生蓄热和过热。

11 高温、高湿对人体有什么影响?

高温、高湿作业的气象特点是气温、湿度均高，而热辐射强度不大。高湿度的形成，主要是由于生产过程中产生大量水蒸气，如果通风不良就会形成高温、高湿和低气流的不良气象条件，即湿热环境。

人在此环境下作业，即使温度不是很高，但由于蒸发散热极为困难，尽管大量出汗也不能有效地发挥散热作用，容易导致体内热蓄积或水分、电解质平衡失调，从而引起中暑。

高温天气对体温调节功能有什么影响?

当气温达到35℃以上时，人体散热就会发生困难。这时，体表不仅失去辐射以及以对流方式向周围散发热量的能力，而且周围环境还以辐射和对流的附加热作用于人体。

如果在高气温、强辐射或高气温、高湿度的环境中从事体力劳动，则人体本身所产生的热再加上周围环境的附加热，就会增加体温调节中枢的负担，甚至破坏体温调节能力，造成体内蓄热，体温不断升高，导致过热。

13 高温天气对神经系统有什么影响?

一般情况下，身体受热时，体温会升高。人的主观感觉会不舒适，容易出现疲劳、嗜睡等症状。这时人的精神活动会受到影响，往往会出现工作效率下降、错误率增加等情况。

当人长时间在高温环境下工作时，中枢神经系统的兴奋性、注意力的集中度、肌肉的工作能力、动作的准确性和协调性及反应速度会降低，特别容易引发工伤事故。

14 高温天气对心血管有什么影响？

心脏是推动血液流动的动力器官。

高温环境下，人的心脏不仅要向皮肤表面输送大量的血液，以便有效地散热，还要向肌肉输送足够的血液，以保证肌肉的活动，维持正常的血压。

随着在高温环境下工作时间的延长，人体会不断出汗，丢失大量的水分，严重的会导致心血管处于高度紧张状态，引起血压变化，甚至中暑。

15 高温天气对呼吸系统有什么影响?

在高温作业过程中，人体因热蓄积而使血液温度升高。这样既刺激了下丘脑的体温调节中枢，又刺激了呼吸中枢，使人反射性地加强了呼吸运动，出现呼吸频率加快的现象。

人们在因过热而感到烦躁与焦虑的同时，也会刺激中枢神经系统，增加呼吸次数和每分钟的气体交换量。这有利于人体的散热，以此来保持体温的恒定。

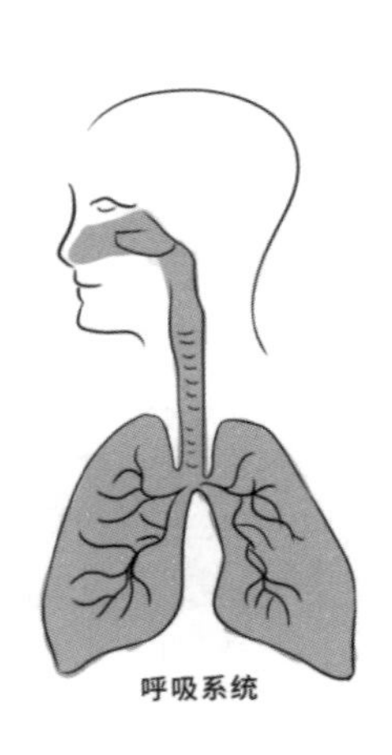

呼吸系统

16 高温天气对消化系统有什么影响?

在高温环境下，人们会大量出汗，如果不能及时补充盐分，那么血液中的盐储备量会不断减少，导致胃液酸度降低，影响消化功能和杀菌能力。

高温引起的外周血管扩张，也容易导致消化道贫血。

上述原因还会导致唾液分泌量明显减少，淀粉酶活动能力降低，胃肠道的收缩和蠕动能力减弱、排空速度减慢，出现食欲减退、消化不良等症状，增加胃肠道疾病的发病率。

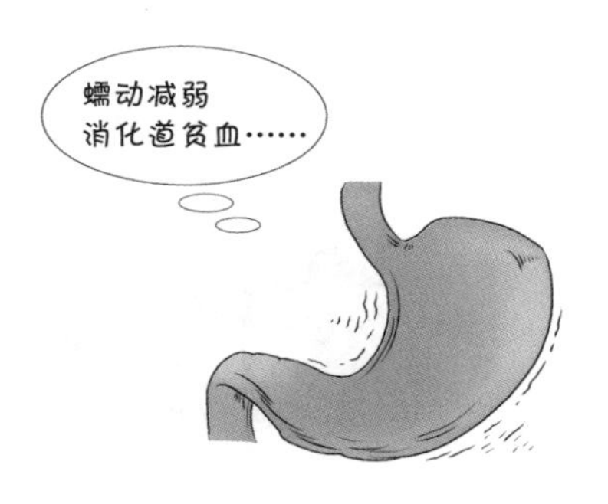

17 高温天气对肾脏有什么影响?

肾脏是人体的重要器官。它的基本功能是生成尿液，清除体内代谢产物及某些废物、毒物，同时保留水分、葡萄糖、氨基酸、钠离子等有用物质，以调节水分、电解质平衡及维护机体的酸碱平衡。

在高温天气条件下，体内的大量水分经汗腺排出，会引起尿量减少、尿液浓缩。如果不及时补充水分，会导致肾脏的负担加重，严重时甚至会造成肾功能不全，使得尿液中出现蛋白、红细胞等。

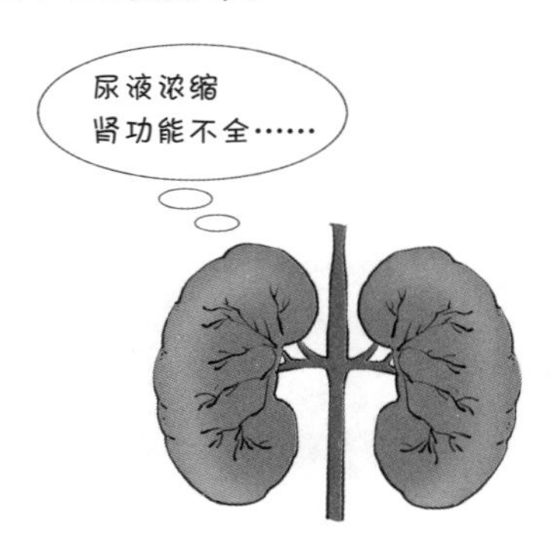

⑱ 怎样防止身体脱水？

在高温天气下作业，如果不及时补充水分和盐分，将会引起不同程度的水盐代谢紊乱。一般按照脱水的程度可分为轻、中、重度脱水。

轻度脱水时，失水量约占体重的 2%，稍有口渴感，可通过自行及时补充清凉饮品缓解症状。

中度脱水时，失水量约占体重的 6%，口渴感明显，尿量减少，可通过适当休息并及时补充含盐的清凉饮品缓解症状。

重度脱水时，失水量约占体重的 10%，除上述症状外，还表现为明显无力，并出现烦躁、意识模糊与昏迷等症状。这时可先将患者转移到阴凉处，通过饮用水、茶、碳酸饮料、运动饮料或清汤补充水分，并及时就医。

19 如何提高人体对高温的适应能力?

科学、合理地锻炼身体可以使心血管功能增强、血液与肌肉组织的接触面增加、体质增强，这些都有利于氧的供应和废物的排出。

经常锻炼身体的人具有较强的体温调节能力。在从事高温天气作业时，他们对高温的适应能力强，也就是人们常说的耐热能力强。

⑳ 高温作业前如何做好个体防护？

作业人员应根据户外工作的特点，正确选择并穿戴防护手套、安全鞋、防护眼镜、面罩、工作帽等个体防护用品。

劳动者的防护眼镜要具有抗冲击、防紫外线等功能。工作服应以耐热、导热系数小而透气性能好的浅色、宽大的服装为宜。

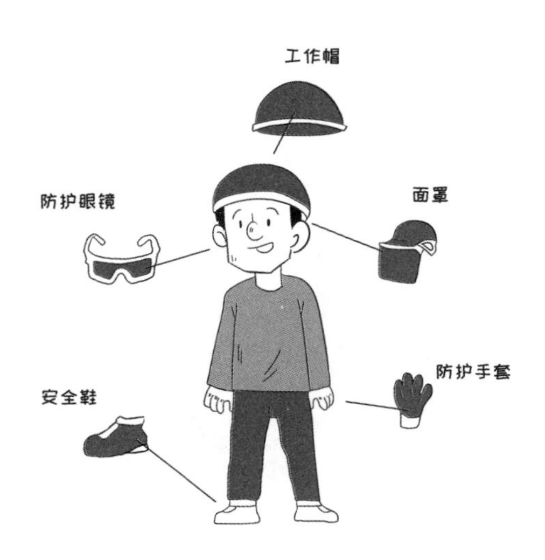

21 哪些人不适宜从事高温天气作业?

凡有心血管、呼吸、中枢神经、消化和内分泌等系统的器质性疾病者，过敏性皮肤瘢痕患者，重病后恢复期及体弱者，均不适宜从事高温作业。例如，动脉粥样硬化、高血压、器质性心脏病等心血管系统疾病；活动性肺结核、肠结核、肾结核、骨关节结核病；精神病、甲状腺功能亢进等神经系统、内分泌系统疾病。

第三篇

中暑的辨识与急救

扫描二维码
进入语音版的安全防护世界

什么是职业性中暑？

职业性中暑是指在高温作业环境下，由热平衡和（或）水盐代谢紊乱而引起的以中枢神经系统和（或）心血管障碍为主要表现的急性疾病，是法定的职业病。

也就是说，当周围环境的气温过高时，人体通过大量的排汗还释放不了体内所产生的热量时，血液循环就会加快，以增加热能散发。如果仍然不能起到体内散热的作用，积聚的热量就会使体温升高。轻者会出现发热、乏力、头晕、恶心等症状，重者则会出现剧烈头痛、昏厥、昏迷、痉挛等症状，甚至死亡。

怎样辨识和应对中暑先兆?

中暑先兆是指劳动者在高温环境下劳动了一段时间后，会出现头昏、头痛、口渴、多汗、全身疲乏、心悸、注意力不集中、动作不协调等症状，体温保持正常或略有升高。

发生中暑先兆后，应及时转移至阴凉通风处，补充水分和盐分，并予以密切观察。上述症状通常在短时间内即可缓解。

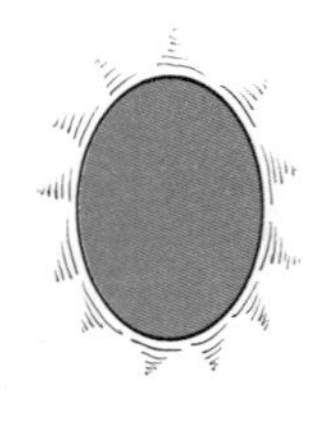

24 怎样辨识和应对轻症中暑?

除了具备中暑先兆的症状，轻症中暑者通常还会出现面色潮红、大量出汗、脉搏速度加快等症状，体温明显升高，有时会达到38.5℃以上。

出现轻症中暑的劳动者应迅速脱离高温环境，到阴凉通风处休息，并补充含盐清凉饮料，及时对症处理。如处理及时，往往可以在数小时内恢复。

 怎样辨识重症中暑？

重症中暑指的是中暑以后，病人出现了肌肉痉挛、抽搐、惊厥、昏迷等神经系统的症状，或者有高热、休克等表现。重症中暑的类型包括四种，分别是热射病、热痉挛、热衰竭和日射病。

怎样应对热射病？

热射病的特点是突然发病，开始时会大量出汗，后出现“无汗”现象。此时体温会迅速上升，甚至高达 40℃以上。

当人的体温很高时，大脑和其他重要的器官就无法正常工作。此时，热射病患者会出现癫痫症状。如果不及时救治，人体很多重要器官就会出现功能衰竭，甚至是死亡。

因此，对于热射病患者的处理，最重要的就是降温和补液，其次是控制并发症，并及时将患者送往医院进行救治。

 怎样应对热痉挛？

热痉挛是由于人体内的水分和电解质的平衡失调所引起的。热痉挛的典型症状是明显的肌肉痉挛且有收缩痛，痉挛呈对称性。轻者不影响工作，重者痉挛加剧。患者神志清醒，体温正常。

发生热痉挛时，应在阴凉环境中休息，及时补充含盐分的饮料，一般可在短时间内恢复正常。症状严重者，应及时就医。

这里要注意的是，即使中暑人员的身体情况缓解了，也不能马上再从事高温作业，以免上述症状复发。

28 怎样应对热衰竭？

热衰竭是由高温引起外周血管扩张及大量失水造成的循环血量减少、颅内供血不足的现象。热衰竭的典型症状是先有头晕、头痛、心悸、恶心、呕吐、出汗，继而出现昏厥、血压短暂下降等，体温一般不高。

热衰竭的特点是发病急、后果严重。一旦发现热衰竭症状，应立即将患者送往医院进行救治。

29 怎样应对日射病?

日射病是因为直接在烈日的暴晒下，强烈的日光穿透头部皮肤及颅骨引起脑细胞受损，进而造成脑组织的充血、水肿。由于受到伤害的部位主要是头部，所以，最初的不适就是剧烈的头痛、恶心、烦躁不安，继而可出现昏迷及抽搐。

一旦出现日射病症状，应立即脱离日射环境，并及时将患者送往医院进行救治。

30 中暑后如何自救?

如果在高温作业时，出现头晕、恶心、心慌等症状，那么很可能是已经中暑了，应及时采取相应的自救措施。

具体措施如下：

（1）立即停止工作，到阴凉的地方休息。

（2）及时补充含盐分的饮料，要小口慢饮，不要大口猛喝，以防加重心脏负担。

（3）解开衣领、领带、皮带等配饰，保持身体放松。

（4）及时使用解暑药物。

（5）若休息后症状不能缓解，应及时求助并就医。

31 重症中暑如何进行物理急救?

（1）迅速将中暑患者转移到阴凉通风处，让中暑者平躺，可垫高其头部，确保其呼吸畅通和散热。

（2）在中暑患者的额头、腋下、大腿根部放置冷水袋或冷毛巾降温，也可用 50% 浓度酒精、白酒、冰水或者冷水对其进行全身擦浴，然后用电扇等设备吹风，加速其散热。但当中暑者体温降至 38℃以下时，要停止冷敷等强降温措施。

（3）中暑患者苏醒后，应马上帮助其饮用含盐清凉饮料（在紧急情况下，也可在白开水中加入少许盐代替清凉饮料）。不可急于补充大量水分，否则会引起呕吐、恶心、腹痛等症状。

（4）身边出现重症中暑患者时，应在第一时间对其进行物理急救，如症状无缓解，应及时将患者送往医院进行救治。

第四篇

高温天气作业者及高温作业者相关权益

扫描二维码

进入语音版的安全防护世界

高温天气作业者作业前应做哪些健康检查？

《防暑降温措施管理办法》第八条规定，在高温天气来临之前，用人单位应当对高温天气作业的劳动者进行健康检查，对患有心、肺、脑血管性疾病、肺结核、中枢神经系统疾病及其他身体状况不适合高温作业环境的劳动者，应当调整作业岗位。职业健康检查费用由用人单位承担。

㉝ 高温津贴发放有何法规依据？

《防暑降温措施管理办法》第十七条规定，劳动者从事高温作业的，依法享受岗位津贴。

用人单位安排劳动者在35℃以上高温天气从事室外露天作业以及不能采取有效措施将工作场所温度降低到33℃以下的，应当向劳动者发放高温津贴，并纳入工资总额。高温津贴标准由省级人力资源社会保障行政部门会同有关部门制定，并根据社会经济发展状况适时调整。

 高温补贴可以用冷饮等物品代替吗？

原卫生部、原劳动和社会保障部、原国家安全生产监督管理总局、中华全国总工会联合发布的《关于进一步加强工作场所夏季防暑降温工作的通知》（卫监督发〔2007〕186号）规定，用人单位安排劳动者在高温天气下（日最高气温达到35℃以上）露天工作以及不能采取有效措施将工作场所温度降低到33℃（不含）以下的，应向劳动者支付高温津贴。

《防暑降温措施管理办法》第十一条规定：用人单位应当为高温作业、高温天气作业的劳动者供给足够的、符合卫生标准的防暑降温饮料及必需的药品。

不得以发放钱物替代提供防暑降温饮料。防暑降温饮料不得充抵高温津贴。

35 用人单位在怎样的高温天气下应减少或者停止高温时段室外作业时间？

《防暑降温措施管理办法》第八条规定，用人单位应当根据地市级以上气象主管部门所属气象台当日发布的预报气温，调整作业时间，但因人身财产安全和公众利益需要紧急处理的除外：

（1）日最高气温达到 40℃以上，应当停止当日室外露天作业。

（2）日最高气温达到 37℃以上、40℃以下时，用人单位全天安排劳动者室外露天作业时间累计不得超过 6 小时，连续作业时间不得超过国家规定，且在气温最高时段 3 小时内不得安排室外露天作业。

（3）日最高气温达到 35℃以上、37℃以下时，用人单位应当采取换班轮休等方式，缩短劳动者连续作业时间，并且不得安排室外露天作业劳动者加班。

36 因高温作业或高温天气作业引起中暑属于工伤吗?

《防暑降温措施管理办法》第十九条规定，劳动者因高温作业或者高温天气作业引起中暑，经诊断为职业病的，享受工伤保险待遇。

37 中暑后如何申请工伤待遇?

劳动者如果因为中暑造成了后遗症，可以向劳动能力鉴定委员会提出劳动能力鉴定申请。

劳动者发生中暑，建议就近进行治疗，同时保留好就诊病历资料，作为鉴定凭证。被判定为工伤后，劳动者即可按规定享受相应的工伤待遇，而就诊的医疗费用由用人单位或工伤保险基金承担。

38 怀孕女职工能否进行高温作业？

《防暑降温措施管理办法》第八条规定，用人单位不得安排怀孕女职工和未成年工在35℃以上的高温天气期间从事室外露天作业及温度在33℃以上的工作场所作业。

39 高温危害作业劳动者是否需要进行职业健康检查?

《防暑降温措施管理办法》第七条规定，用人单位应当依照有关规定对从事接触高温危害作业劳动者组织上岗前、在岗期间和离岗时的职业健康检查，将检查结果存入职业健康监护档案并书面告知劳动者。职业健康检查费用由用人单位承担。

第五篇

防暑降温常识

扫描二维码
进入语音版的安全防护世界

40 怎样合理饮水？

（1）早晨起床后空腹喝水，可以补充一夜所消耗的水分，降低血液黏稠度，促进血液循环。

（2）用餐前和用餐时不宜大量喝水，因为用餐前和用餐时大量喝水，会冲淡消化液，不利于食物的消化、吸收。

（3）平时应注意及时补充水分。正常情况下每个成年人每天除去就餐，应当饮用1200~1500毫升水，相当于3瓶矿泉水的量，夏季高温时还要适当增加。感到口渴时，表明人体水分已失去平衡，细胞开始脱水，此时身体已处于缺水状态。

（4）长时间在高温天气环境下工作时，要适当补充一些淡盐水。因为大量出汗后，人体内盐分流失过多，若不及时补充盐分，则会使体内水分、盐分比例严重失调，导致代谢紊乱。

41 怎样提高食欲?

（1）高温天气用餐时，建议选择凉爽的就餐环境。

（2）就餐前，先喝少许凉汤和饮料。这不仅可以补充盐分，还可以促进消化液的分泌，从而提高食欲。

（3）可在饭菜中加入适当的盐、醋等调味品来提高食欲。

 怎样合理补充营养?

当人在高温环境中劳动时，体温调节、水盐代谢以及循环、消化、神经、内分泌和泌尿系统会发生一些改变，容易引起营养不良。因此，在日常生活中可以通过饮食来补充一些营养素。

（1）补充足够的蛋白质，以鱼、肉、蛋、奶和豆类为好。

（2）补充维生素，可以多吃如西红柿、桃子、杨梅、西瓜、甜瓜、李子等富含维生素 C 的新鲜蔬菜和水果，以及谷类、豆类、瘦肉、蛋类等富含 B 族维生素的食物。

（3）补充无机盐，可食用含钾高的食物，如水果、蔬菜、豆类或豆制品、海带、蛋类等；多吃清热利湿的食物，如苦瓜、乌梅、草莓、黄瓜、绿豆等。

43 防暑功效显著的常见蔬菜有哪几种?

（1）西红柿。西红柿属于夏季的应季蔬菜，营养丰富，具有清热解毒、平肝去火等功效。

（2）黄瓜。黄瓜可利尿、消水肿。凉拌吃可以增加食欲、消腹胀，还可以解口渴、退干热。

（3）苦瓜。苦瓜含有钙、磷、铁等多种物质，可以刺激唾液、胃液分泌，增强食欲，又可以消去烦渴，是防暑的佳品。

（4）冬瓜。冬瓜含有人体必需的多种微量元素。喝冬瓜汤对缓解中暑症状有明显的疗效，把冬瓜切成小块治疗痱子也有很好的效果。

（5）丝瓜。丝瓜有顺气健脾、化痰止咳、平喘解痉、凉血清热的功效，常吃可以治疮疖、解暑热。

44 防暑功效显著的常见水果有哪几种？

（1）桃子。桃子富含多种维生素、矿物质及果酸等。桃子的含铁量很高，铁是人体造血的主要微量元素，对身体健康有益。

（2）草莓。中医认为草莓有去火的功效，食用后能清暑、解热、除烦。

（3）梨。梨因鲜嫩多汁、酸甜适口，又有“天然矿泉水”之称，具有防暑的功效。

（4）甜瓜。甜瓜富含蛋白质、脂肪、碳水化合物、钙、胡萝卜素等多种营养，有清热解渴、利尿、保护肝肾等功效。

45 为什么不宜贪食冷藏西瓜?

西瓜性味甘寒，可缓解发热、心烦、口渴等症状，胃寒、腹泻的人不宜多吃。

日常生活中，切开的西瓜要尽量一次性吃完。如无法一次性吃完，则用保鲜膜封好，再放到冰箱里保存。西瓜的冷藏时间最好不要超过 24 小时。

食用冷藏的西瓜时，口腔内的唾液腺、味觉神经和牙周神经都会因冷刺激而处于麻痹状态，使人不但难以品出西瓜的甜味，过量食用还会伤及脾胃，对健康不利。

46 为什么不宜用凉水冲脚？

（1）脚是人体血管分支的末梢部位，脚底皮肤温度是全身最低的，极易受凉。

（2）脚底的汗腺较发达，脚部突然受凉，会使毛孔骤然关闭，时间长了会引起排汗功能障碍。

（3）脚部的感觉神经末梢受凉水刺激后，正常运转的血管组织会剧烈收缩。经常用冷水洗脚会导致舒张功能失调，诱发肢端小动脉痉挛、红斑性肢痛、关节炎和风湿病等，甚至会引起其他疾病。

47 为什么不宜在大汗淋漓时洗冷水澡？

（1）高温天气作业刚结束时，人体仍处于代谢旺盛、产热增多、皮肤血管扩张的状态，此时如果立即洗冷水澡，皮肤会因受到冷刺激产生血管收缩，导致机体内的热量散发受阻，反而会使人体出现体温升高的现象。

（2）人体从热环境一下子进入冷环境，来不及调整适应，皮肤血流量减少，使回心血量突然增加，会加大心脏负担，同时也容易引起感冒或胃肠痉挛等疾病。

（3）作业后，肌肉疲劳，紧张度增加，这时如果再受到冷水刺激，有可能会引发痉挛。

48 怎样合理安排作息时间？

高温天气作业时，应制定合理的劳动作息时间。在气温较高的条件下，应适当调整作息时间，具体做法如下：

（1）早晚工作，中午休息，尽可能白天做“凉活”，晚上做“热活”，可以在一定程度上降低身体的热负荷。

（2）尽量缩短连续作业时间，采用换班轮休的方法增加休息次数。轮换休息有助于恢复体力，避免过度疲劳。全国各地建立了多种形式的户外劳动者服务站点，可适当间歇地进站点休息。

49 应常备哪些防暑降温用品？

（1）折扇、风扇、毛巾、花露水等日常辅助降温用品。

（2）风油精、藿香正气液、人丹等防暑降温药品。

（3）绿豆汤、盐水等防暑降温饮品。

50 夏季如何避免“空调病”？

“空调病”是近年来才逐渐流行的词，主要是指人因为长期待在空间相对密闭、空气不流通的空调环境内，虽然能够获得暂时的凉意，但机体适应能力下降，常会出现鼻塞、打喷嚏、四肢酸痛的症状。

要想预防“空调病”的发生，一定要严格控制人在室内吹空调的时间。建议在空调环境停留一段时间后，去户外活动一下，并将门窗打开，让空气对流。使用空调时，温度不宜设置得太低，以 26℃为宜，并注意不要直吹。

附录1 《防暑降温措施管理办法》

防暑降温措施管理办法

安监总安健〔2012〕89号

第一条　为了加强高温作业、高温天气作业劳动保护工作，维护劳动者健康及其相关权益，根据《中华人民共和国职业病防治法》《中华人民共和国安全生产法》《中华人民共和国劳动法》《中华人民共和国工会法》等有关法律、行政法规的规定，制定本办法。

第二条　本办法适用于存在高温作业及在高温天气期间安排劳动者作业的企业、事业单位和个体经济组织等用人单位。

第三条　高温作业是指有高气温，或有强烈的热辐射，或伴有高气湿（相对湿度≥ 80%RH）相结合的异常作业条件、湿球黑球温度指数（WBGT 指数）超过规定限值的作业。

高温天气是指地市级以上气象主管部门所属气象台站向公众发布的日最高气温 35℃以上的天气。

高温天气作业是指用人单位在高温天气期间安排劳动者在高温自然气象环境下进行的作业。

工作场所高温作业 WBGT 指数测量依照《工作场所物理因素测量第 7 部分：高温》（GBZ/T 189.7）执行；高温作业职业接触限值依照《工作场所有害因素职业接触限值第 2 部分：物理因素》（GBZ 2.2）执行；高温作业分级依照《工作场所职业病危害作业分级第 3 部分：高温》（GBZ/T 229.3）执行。

第四条　国务院安全生产监督管理部门、卫生行政部门、人力资源社会保障行政部门依照相关法律、行政法规和国务院确定的职责，负责全国高温作业、高温天气作业劳动保护的监督管理工作。

县级以上地方人民政府安全生产监督管理部门、卫生行政部门、人力资源社会保障行政部门依据法律、行政法规和各自职责，负责本行政区域内高温作业、高温天气作业劳动保护的监督管理工作。

第五条　用人单位应当建立、健全防暑降温工作制度，采取有效措施，加强高温作业、高温天气作业劳动保护工作，确保劳动者身体健康和生命安全。

用人单位的主要负责人对本单位的防暑降温工作全面负责。

第六条　用人单位应当根据国家有关规定，合理布局生产现场，改进生产工艺和操作流程，采用良好的隔热、通风、降温措施，保证工作场所符合国家职业卫生标准要求。

第七条　用人单位应当落实以下高温作业劳动保护措施：

（一）优先采用有利于控制高温的新技术、新工艺、新材料、新设备，从源头上降低或者消除高温危害。对于生产过程中不能完全消除的高温危害，应当采取综合控制措施，使其符合国家职业卫生标准要求。

（二）存在高温职业病危害的建设项目，应当保证其设计符合国家职业卫生相关标准和卫生要求，高温防护设施应当与主体工程同时设计，同时施工，同时投入生产和使用。

（三）存在高温职业病危害的用人单位，应当实施由专人负责的高温日常监测，并按照有关规定进行职业病危害因素检测、评价。

（四）用人单位应当依照有关规定对从事接触高温危害作业劳动者组织上岗前、在岗期间和离岗时的职业健康检查，将检查结果存入职业健康监护档案并书面告知劳动者。职业健康检查费用由用人单位承担。

（五）用人单位不得安排怀孕女职工和未成年工从事《工作场所职业病危害作业分级 第 3 部分：高温》（GBZ/T 229.3）中第三级以

上的高温工作场所作业。

第八条　在高温天气期间，用人单位应当按照下列规定，根据生产特点和具体条件，采取合理安排工作时间、轮换作业、适当增加高温工作环境下劳动者的休息时间和减轻劳动强度、减少高温时段室外作业等措施：

（一）用人单位应当根据地市级以上气象主管部门所属气象台当日发布的预报气温，调整作业时间，但因人身财产安全和公众利益需要紧急处理的除外：

1. 日最高气温达到 40℃以上，应当停止当日室外露天作业；

2. 日最高气温达到 37℃以上、40℃以下时，用人单位全天安排劳动者室外露天作业时间累计不得超过 6 小时，连续作业时间不得超过国家规定，且在气温最高时段 3 小时内不得安排室外露天作业；

3. 日最高气温达到 35℃以上、37℃以下时，用人单位应当采取换班轮休等方式，缩短劳动者连续作业时间，并且不得安排室外露天作业劳动者加班。

（二）在高温天气来临之前，用人单位应当对高温天气作业的劳动者进行健康检查，对患有心、肺、脑血管性疾病、肺结核、中枢神经系统疾病及其他身体状况不适合高温作业环境的劳动者，应当调整作业岗位。职业健康检查费用由用人单位承担。

（三）用人单位不得安排怀孕女职工和未成年工在 35℃以上的高温天气期间从事室外露天作业及温度在 33℃以上的工作场所作业。

（四）因高温天气停止工作、缩短工作时间的，用人单位不得扣除或降低劳动者工资。

第九条　用人单位应当向劳动者提供符合要求的个人防护用品，并督促和指导劳动者正确使用。

第十条　用人单位应当对劳动者进行上岗前职业卫生培训和在岗期间的定期职业卫生培训，普及高温防护、中暑急救等职业卫生知识。

第十一条　用人单位应当为高温作业、

高温天气作业的劳动者供给足够的、符合卫生标准的防暑降温饮料及必需的药品。

不得以发放钱物替代提供防暑降温饮料。防暑降温饮料不得充抵高温津贴。

第十二条　用人单位应当在高温工作环境设立休息场所。休息场所应当设有座椅，保持通风良好或者配有空调等防暑降温设施。

第十三条　用人单位应当制定高温中暑应急预案，定期进行应急救援的演习，并根据从事高温作业和高温天气作业的劳动者数量及作业条件等情况，配备应急救援人员和足量的急救药品。

第十四条　劳动者出现中暑症状时，用人单位应当立即采取救助措施，使其迅速脱离高温环境，到通风阴凉处休息，供给防暑降温饮料，并采取必要的对症处理措施；病情严重者，用人单位应当及时送医疗卫生机构治疗。

第十五条　劳动者应当服从用人单位合理调整高温天气作息时间或者对有关工作地

点、工作岗位的调整安排。

第十六条　工会组织代表劳动者就高温作业和高温天气劳动保护事项与用人单位进行平等协商，签订集体合同或者高温作业和高温天气劳动保护专项集体合同。

第十七条　劳动者从事高温作业的，依法享受岗位津贴。

用人单位安排劳动者在 35℃以上高温天气从事室外露天作业以及不能采取有效措施将工作场所温度降低到 33℃以下的，应当向劳动者发放高温津贴，并纳入工资总额。高温津贴标准由省级人力资源社会保障行政部门会同有关部门制定，并根据社会经济发展状况适时调整。

第十八条　承担职业性中暑诊断的医疗卫生机构，应当经省级人民政府卫生行政部门批准。

第十九条　劳动者因高温作业或者高温天气作业引起中暑，经诊断为职业病的，享受工伤保险待遇。

第二十条　工会组织依法对用人单位的高温作业、高温天气劳动保护措施实行监督。发现违法行为，工会组织有权向用人单位提出，用人单位应当及时改正。用人单位拒不改正的，工会组织应当提请有关部门依法处理，并对处理结果进行监督。

第二十一条　用人单位违反职业病防治与安全生产法律、行政法规，危害劳动者身体健康的，由县级以上人民政府相关部门依据各自职责责令用人单位整改或者停止作业；情节严重的，按照国家有关法律法规追究用人单位及其负责人的相应责任；构成犯罪的，依法追究刑事责任。

用人单位违反国家劳动保障法律、行政法规有关工作时间、工资津贴规定，侵害劳动者劳动保障权益的，由县级以上人力资源社会保障行政部门依法责令改正。

第二十二条　各省级人民政府安全生产监督管理部门、卫生行政部门、人力资源社会保障行政部门和工会组织可以根据本办法，制定实施细则。

第二十三条　本办法由国家安全生产监督管理总局会同卫生部、人力资源和社会保障部、全国总工会负责解释。

第二十四条　本办法所称“以上”摄氏度（℃）含本数，“以下”摄氏度（℃）不含本数。

第二十五条　本办法自发布之日起施行。1960 年 7 月 1 日卫生部、劳动部、全国总工会联合公布的《防暑降温措施暂行办法》同时废止。

附录2　常见防暑降温药品

常见防暑降温药品

1. 十滴水

十滴水有健胃功效，以去暑、散寒、健胃为主，适用于缓解中暑后出现的头疼、昏迷、高热、恶心、腹痛、胃肠不适等症状。另外，它还可以外用防治痱子，成人可直接用它擦在痱子处。

2. 金银花露

金银花露甘凉润口，有生津、止渴、清热、散风、解表功效，具有明显的抗炎作用。每次口服60~120毫升，一日2~3次，切勿暴饮，否则会引起腹泻。

3. 藿香正气液（水、丸、胶囊）

霍香正气液主要有降暑解毒、化湿及理气和中之效。临床凡有外感风寒、内伤湿滞，表现为感冒、呕吐、腹泻的患者，均可使用。

4. 人丹

人丹的主要成分是薄荷冰、滑石、儿茶酚、丁香、木香、小茴香、砂仁、陈皮等。具有清热解暑、避秽止呕之功效，是夏季防暑的常用药。主要用于因高温引起的头痛、头晕、恶心、腹痛、水土不服等症状。此药能促进肠道蠕动，缓解肠痉挛。中暑、急性胃肠炎、咳嗽痰多者服用为宜。

5. 清凉油

清凉油的成分是薄荷脑、薄荷素油、樟脑、桉油、丁香油、肉桂油、樟脑油，可清凉散热，醒脑提神，止痒止痛。主要用于治疗感冒头痛、中暑、晕车、蚊虫叮咬。

6. 风油精

风油精可预防中暑和感冒；喝开水时，在杯中滴入 4~6 滴，有清热解暑之效，夏季洒 2~3 滴本品于头部，有提神和掩盖汗味的作用。夏季高温时，人常会有昏沉沉的感觉，若取少量本品涂在太阳穴上，或以鼻嗅之，可提神醒脑，解除疲劳。

7. 金银花

金银花甘寒清热而不伤胃，芳香透达，既能宣散风热，还善清解血毒，用于各种热性病，如身热、发疹、发斑、热毒疮痈、咽喉肿痛等症，均效果显著。可以开水泡代茶饮。

8. 菊花

高血压患者尤宜。以开水泡代茶饮。菊花味甘苦，性微寒；有散风清热、清肝明目、解毒消炎和平肝利尿等作用。对口干、火旺、目涩，或由风、寒、湿引起的肢体疼痛、麻木的疾病均有一定的疗效。

9. 荷叶

荷叶含有多种生物碱及维生素 C，多糖，有清热解毒、凉血、止血的作用。以开水泡代茶饮，适用于中暑所致的心烦胸闷、头昏头痛者。

10. 金线莲

金线莲别名金线兰、金丝草，为兰科开唇植物花叶兰，属多年生珍稀中草药。它在民间使用范围较广，素有“药王”“金草”“神药”“乌人参”等美称。具有清热凉血、除湿解毒、平衡阴阳、扶正固本、阴阳互补、生津养颜、调和五脏气血、延年益寿的功用。

附录 3　常见防暑降温饮品

常见防暑降温饮品

1. 山楂汤

山楂片 100 克、酸梅 50 克，加 3.5 升水煮烂，放入白菊花 100 克烧开后捞出，然后放入适量白糖，晾凉后饮用。

2. 绿豆汤

绿豆汤有独特的消暑清热功效。中医认为，绿豆具有消暑益气、清热解毒、润喉止渴、利水消肿的功效，能预防中暑。有关实验表明，绿豆对减少血液中的胆固醇及保肝等均有明显作用。唯一不足之处是绿豆性太凉，体虚者不宜食用。

3. 牛蒡茶

牛蒡茶是以中草药牛蒡根为原料的纯天然茶品。牛蒡茶具有排除人体毒素，以营养成分进行滋补和调理的特点。牛蒡直接泡茶喝，可清热解毒祛湿、健脾开胃通便、平衡血压、调节血脂、补血补钙。

4. 茶水

钾是人体内重要的微量元素，钾能维持神经和肌肉的正常功能，特别是心肌的正常运动。科学分析表明，茶叶含钾较多，占其比重的1.5%左右。钾容易随汗水排出，温度适宜的茶水是夏季首选饮品。

5. 盐开水

中医称白开水是“百药之王”。喝白开水应选择沸腾后自然冷却的新鲜凉开水（20℃~25℃），这种白开水具有特异的生物活性，容易被人体吸收利用。喝白开水时最好加些盐。夏季高温，出汗过多，体内盐分减少，体内的渗透压就会失去平稳，从而出现中暑，而多喝些盐开水或盐茶水，可以补充体内失掉的盐分，从而达到防暑的功效。

6. 西瓜翠衣汤

西瓜洗净后切下薄绿皮，削去内层柔软部分，即成西瓜翠衣。其性味甘凉，可治暑热烦渴、水肿、口舌生疮、中暑和秋冬因气候干燥引起的咽喉干痛、烦咳不止等症状。可将西瓜翠衣加水煎煮 30 分钟，去渣加适量白糖，晾凉后饮用。